出发去教训怪物的堂吉诃德能够见到它们吗？

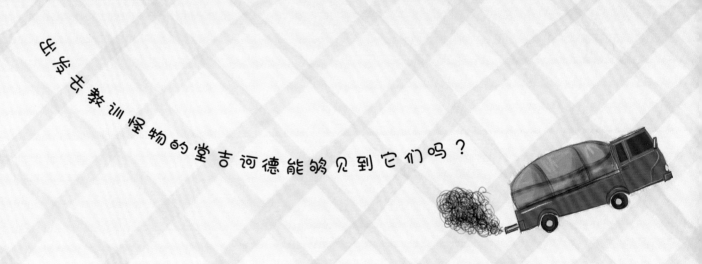

地球生病了

回归的堂吉河德

[韩] 卢智暎◎著　　[韩] 金贤贞◎绘

千太阳◎译

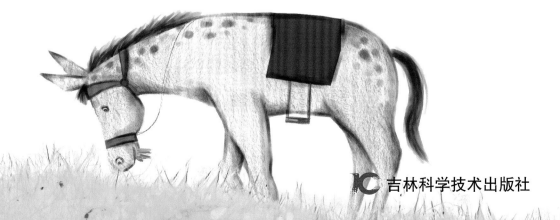

吉林科学技术出版社

"嘀嘀，嘀嘀嘀！"

堂吉诃德和鸳骓难得被嘀嘀响的汽车喇叭声吓了一跳，慌张地闪到了马路一边。

马路上满满的都是大大小小的汽车。

汽车不停地排放灰色的烟雾。

工厂的烟囱里也不停地冒出黑烟。

堂吉诃德深深叹了一口气，

"哎哟！憋死了，鸳骓难得，我们赶紧回到住处去吧。"

鸳骓难得迈着有气无力的步伐，向住处走去。

回到住处后，堂吉诃德收到了桑丘寄来的一封信。

堂吉诃德立即打开信读起来。

"主人，我们村子发生了翻天覆地的变化，希望您赶紧回到村子里来吧！"

堂吉诃德是一位非常喜欢冒险的骑士，正在四处寻找怪物。

当看到信时，堂吉诃德的脑海中瞬间闪过了可怕怪物的模样。

"啊，肯定是怪物占领了村庄！"

堂吉诃德立即开始收拾行李。

他想尽快回到故乡去，打败怪物，拯救村子里的人们。

他把打包好的行李放在了驽骍难得的背上。

然后，敏捷地翻身骑了上去。

"驽骍难得！我们赶紧回到故乡去吧！"

堂吉诃德和驽骍难得翻过山峰，穿过河流，越过丘陵，走过平原。

足足花了一个月的时间才到达故乡。

历经千辛万苦后，堂吉诃德终于看到了自己的家乡。

"哇，太好了！"

堂吉诃德一边感叹一边呼吸着家乡的空气。

家乡的空气与城市不同，非常清新。

家乡的天空看上去也比别处更蓝。

"咴儿咴儿！"

驽骍难得可能也很开心，奋力地奔跑起来。

"驽骍难得，再快一点儿！我们要赶紧去打跑那些欺负乡亲们的怪物！"

堂吉诃德骑着驽骍难得奔驰起来。

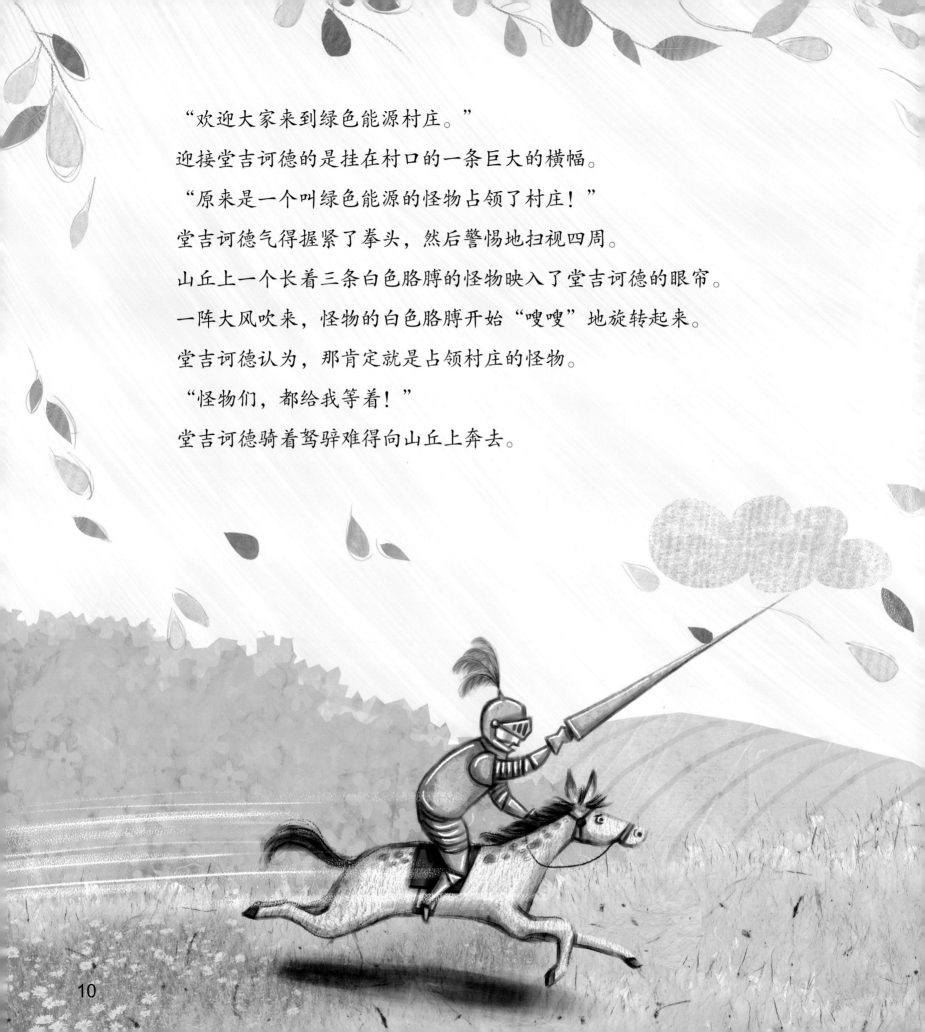

"欢迎大家来到绿色能源村庄。"

迎接堂吉诃德的是挂在村口的一条巨大的横幅。

"原来是一个叫绿色能源的怪物占领了村庄!"

堂吉诃德气得握紧了拳头,然后警惕地扫视四周。

山丘上一个长着三条白色胳膊的怪物映入了堂吉诃德的眼帘。

一阵大风吹来,怪物的白色胳膊开始"嗖嗖"地旋转起来。

堂吉诃德认为,那肯定就是占领村庄的怪物。

"怪物们,都给我等着!"

堂吉诃德骑着驽骍难得向山丘上奔去。

"哒！你这个可恶的怪物！赶紧出来跟我决斗吧！"

堂吉诃德的声音出奇得大，引得正在田里干活的人们都跑了过来。

"这不是什么怪物，而是风力发电机。"乡亲们说道。

"咦？这不是怪物？"

"不是，它们可以利用风力旋转翅膀，然后发电。我们就可以利用它发出的电操控农机设备，让农活变得简单起来。"

村子里的人们全都对风力发电机赞不绝口。

但是，堂吉诃德并没有听进耳朵里。

他环顾着四周，想要找到真正的怪物。

"找到了！那肯定是真正的怪物！"

堂吉诃德一边高喊着，一边指向了大海。

乡亲们还没来得及阻拦，他就骑着驽骍难得向海边跑去。

"你这个怪物！你以为躲到海里我就找不到你了吗？"

堂吉诃德到了海边后，向着大海大喊大叫。

怪物在海上露出了一截庞大的红色身躯。

但是不管堂吉诃德怎么叫嚷，它都一动不动。

16

"哎哟，我的主人，那不是怪物！"

在堂吉诃德身后追来的桑丘笑着说。

"那是在海上发电的潮汐发电机。"

"潮汐发电机？那是什么东西？"

桑丘为堂吉诃德解释了什么是潮汐发电机。

"在海里搭建一根巨大的柱子，然后在柱子中间安装翅膀。那么，在涨潮*和退潮*时翅膀就会转动，从而发电。"

桑丘告诉堂吉诃德，不久以后，将会出现利用波涛的力量发电的波浪发电机。

*涨潮：海水上涨的现象。
*退潮：海水下降的现象。

17

堂吉诃德与桑丘一起向家的方向走去。

"啊！空气真的太好了！"

堂吉诃德一边呼吸着清新的空气一边说。

"我们村子的空气之所以能够变得如此清新，全都是因为有了风和海水创造的绿色能源。"

桑丘满脸笑容地看着堂吉诃德。

这时，堂吉诃德正直勾勾地盯着地面看。

"桑丘呀！你站在那里不要动！"

"主人！怎么了？"

"呔！你这个喷着鼻息的怪物！赶快给我出来！"

堂吉诃德突然用矛奋力插向地面。

"哈哈哈哈！"

桑丘忍不住大笑起来。

"主人，你看看那边吧。"

桑丘指了指蒸汽缭绕的设备和发电站。

"主人应该很清楚，这个地方属于火山地带，所以就建造了利用地下热水和蒸汽发电的设施。"

"哦，原来如此。幸好不是怪物。但是，我堂吉诃德一定要抓住怪物！"

桑丘一边叹了口气，一边摇了摇头。

21

堂吉诃德一行人向自己的家走去。

但是驽骍难得看起来有些不安,一直原地打转,过了一会儿开始排便。

"哎哟,你这个家伙看来是到家了,心情舒畅了呀!"

堂吉诃德捏着鼻子笑了笑。

桑丘立即拿来篮子,把驽骍难得的粪便装起来。

堂吉诃德不解地问,

"你为什么要收集脏兮兮的粪便啊?"

"这些粪便也可以变成有用的能源。"

桑丘笑着回答堂吉诃德。

"能源?"

"主人，你看到后面的山了吧，那座山是以前泰泰岛的垃圾堆变来的。"

"什么！那个臭气熏天的垃圾堆竟然变成了绿油油的山？"

堂吉诃德离开家乡时，泰泰岛还是一座散发着恶臭的垃圾堆。

"现在那个地方排放出的气体正在用来发电，也用作供暖。"

堂吉诃德简直不敢相信桑丘的话，一边揉眼睛，一边不停地看着那座山。

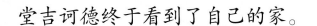

堂吉诃德终于看到了自己的家。

他怀着激动的心情加快了步伐。

正在这时，一辆汽车停在了堂吉诃德身边。

"哎呀！这不就是在城市里折磨过我的、排放灰色烟雾的怪物嘛。"

堂吉诃德一边向汽车扑去一边叫道。

"哈哈，叔叔难道不知道借助太阳能行驶的汽车吗？"

一群孩子笑着把堂吉诃德围住并解释道。

氢燃料公共汽车

"呃，桑丘啊！太阳能汽车是什么？"

堂吉诃德小声地问桑丘。

"太阳能汽车就是利用太阳光行驶的汽车。"

桑丘告诉堂吉诃德，太阳能汽车与借助化石燃料行驶的汽车不同，不会排放污染空气的黑烟。

"主人，你到这边来看一看。"

桑丘指着一辆公共汽车对堂吉诃德说。

"那是利用水分解后产生的氢气作为能源行驶的汽车。因为不会排放黑烟，所以不会污染空气。"

堂吉诃德这才明白了家乡的空气如此清新的原因。

堂吉诃德终于回到了自己的家里。

"呀！谁在我家的屋顶上安装了怪物的翅膀？"

堂吉诃德冲着桑丘发起火来。

"主人，那不是怪物的翅膀，而是汇聚太阳能的装置。"

"在自己的家里也能使用太阳能吗？"

桑丘从口袋里拿出了记账簿，递给了堂吉诃德。

"您看一看，因为把太阳能汇聚起来用来供暖、烧水，所以这段时间里节约了这么多钱。"

堂吉诃德认真地查看记账簿，慢慢地露出了笑容。

“哈哈，好久没回家了，太疲惫了。”

堂吉诃德急急忙忙走进了自己家里。

“我早就想到这一点了，所以已经准备好了用太阳能烧热的洗澡水。”桑丘说。

“我不在的这段时间里，我们村子真的是变得太好了。绿色能源这个家伙真是一位善良的怪物。”

堂吉诃德把疲惫的身体泡进了温暖的浴缸里，脸上露出了幸福的笑容。

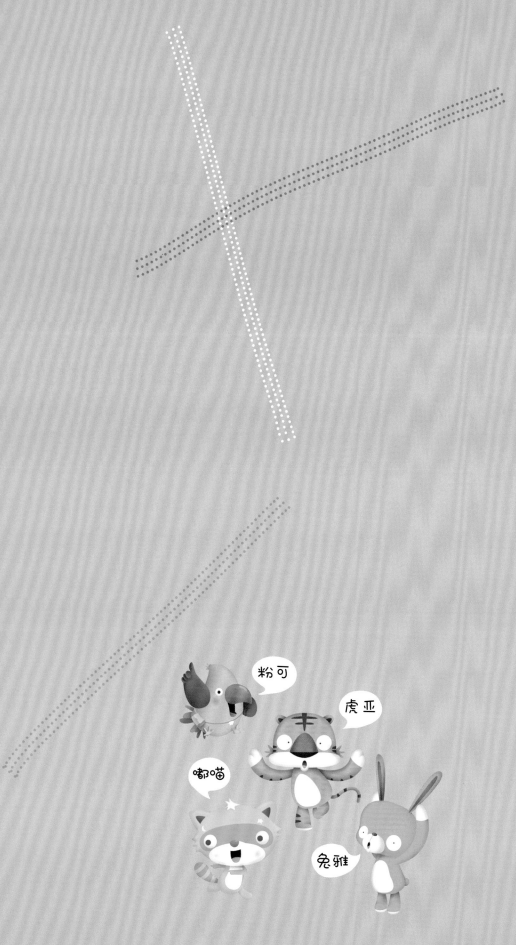

寻找绿色能源

请回想故事中出现的各种绿色能源，并找出创造这些绿色能源的自然物。

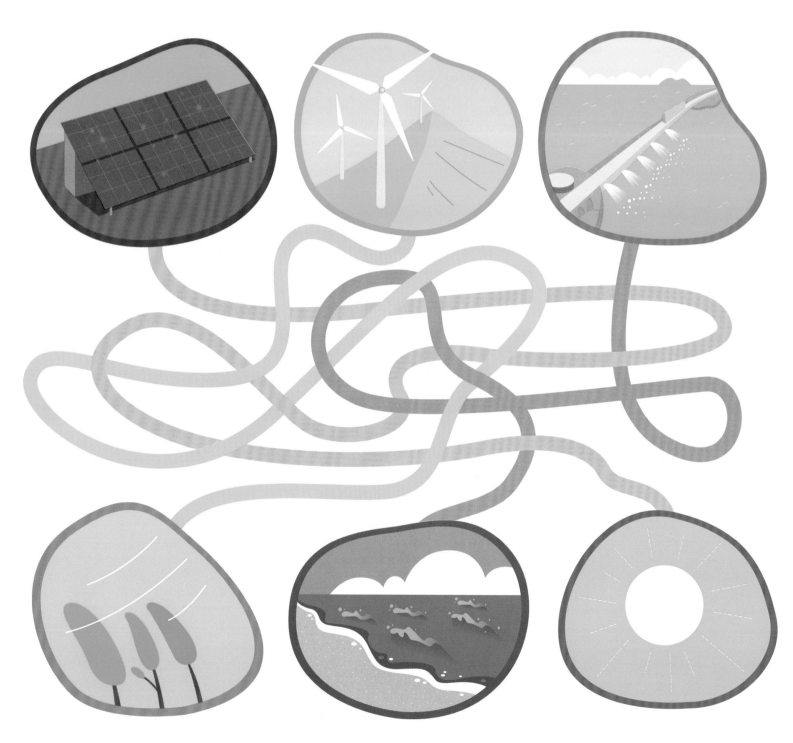

谁的话是正确的

堂吉诃德、桑丘和驽骍难得正在对绿色能源进行说明。看一看谁的话正确，谁的话是错误的，然后用×把错误的说法标注出来。

37

制作风车

　　我们可以利用风获取电能，这就是我们常说的"风力发电"。把右边的纸进行剪裁，然后制作成风车，利用风车理解风力发电的原理。

准备物品： 一支筷子、图钉、剪刀、胶水

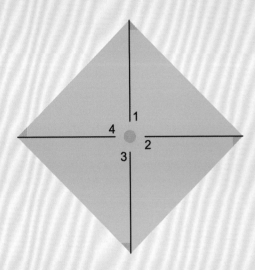

1 沿裁剪线用剪刀对右边的风车纸进行裁剪。

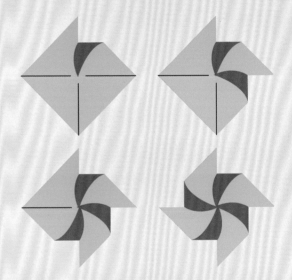

2 在纸的正中间涂上胶水，然后按照数字顺序把纸片末端依次向中间粘起来。

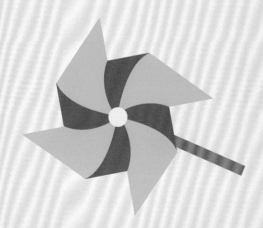

3 用图钉把风车纸和筷子固定在一起。

4 在有风的日子里，一边观察风车转动的样子，一边了解风力发电的原理。

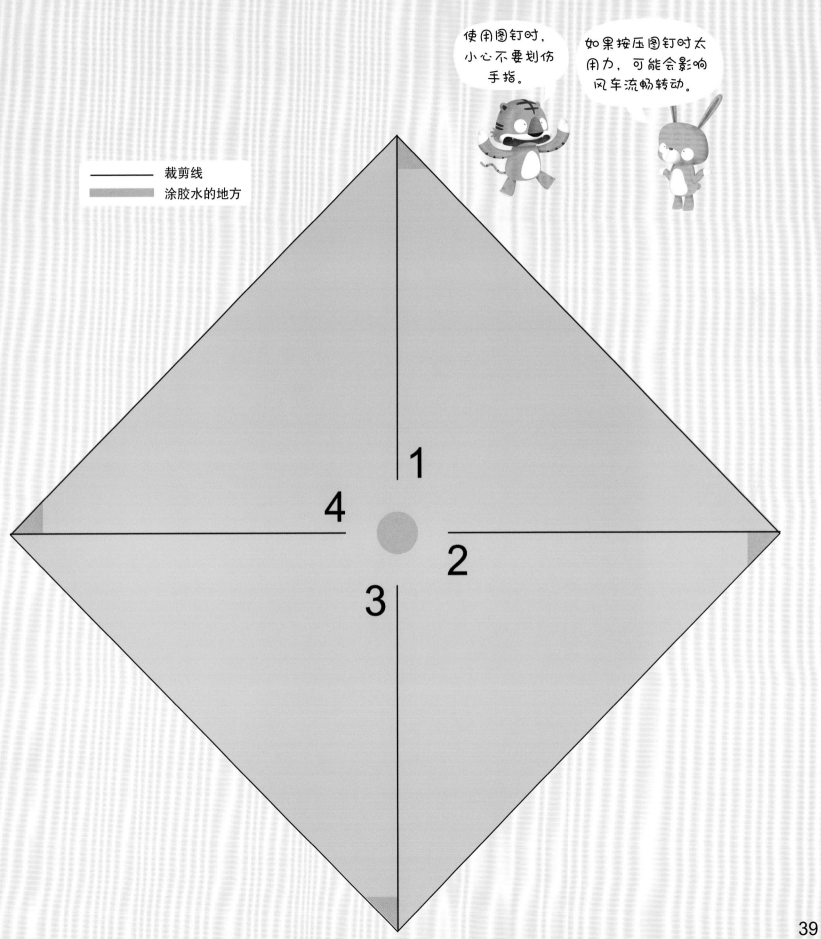

绿色能源呀，谢谢你

我们身边有很多可以制造绿色能源的东西。图片中可以制造绿色能源的东西消失不见了。把下面图片裁剪下来粘贴在合适的地方。

41

让人好奇的正确答案

了解一下各种各样的绿色能源。

使用绿色能源可以让环境更清洁，而且可以节约资源。

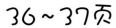
36~37页

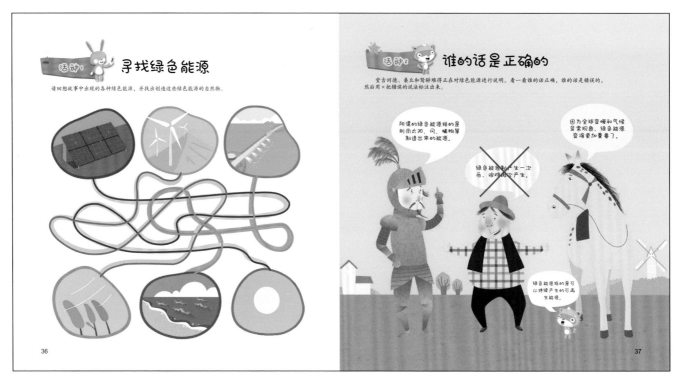

38～39页

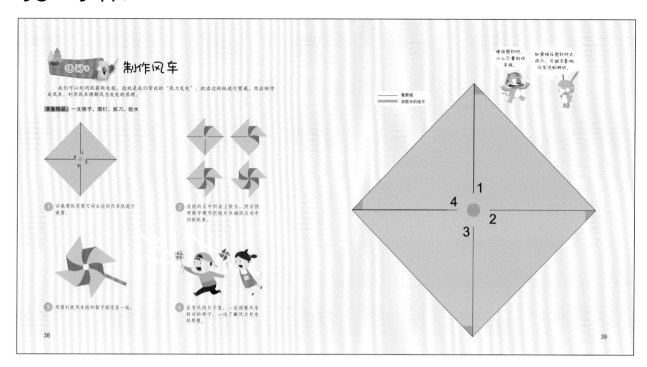

40～41页

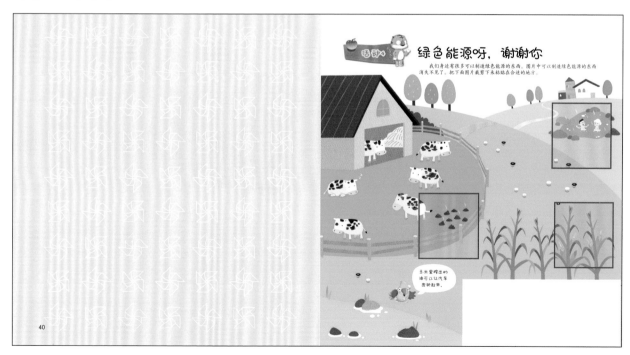

新能源&再生能源

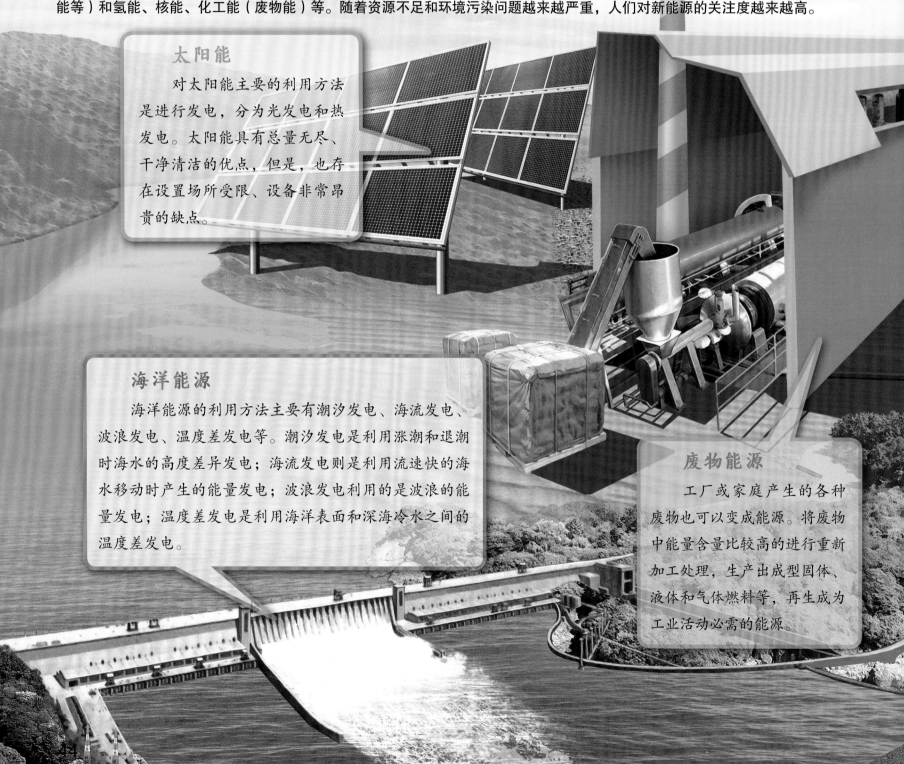

新能源指的是非常规能源（已被广泛利用的煤炭、石油、天然气等能源，为常规能源），包括再生能源（太阳能、风能、地热能等）和氢能、核能、化工能（废物能）等。随着资源不足和环境污染问题越来越严重，人们对新能源的关注度越来越高。

太阳能

对太阳能主要的利用方法是进行发电，分为光发电和热发电。太阳能具有总量无尽、干净清洁的优点，但是，也存在设置场所受限、设备非常昂贵的缺点。

海洋能源

海洋能源的利用方法主要有潮汐发电、海流发电、波浪发电、温度差发电等。潮汐发电是利用涨潮和退潮时海水的高度差异发电；海流发电则是利用流速快的海水移动时产生的能量发电；波浪发电利用的是波浪的能量发电；温度差发电是利用海洋表面和深海冷水之间的温度差发电。

废物能源

工厂或家庭产生的各种废物也可以变成能源。将废物中能量含量比较高的进行重新加工处理，生产出成型固体、液体和气体燃料等，再生成为工业活动必需的能源。

环境守护者

思考一下新能源的优点和缺点。

风能

把风的动能转化为电能叫做风力发电。风的动能越大发电量越多，所以大部分风力发电站都建在经常刮风的高地或者海边。

氢能源

氢能源是一种二次能源，作为可以代替石油的能源备受世界各国的关注。目前采用的是对水进行电解的方式产生氢能，仍然需要对生产、储存、利用方式等进行更多的研究，降低成本。

地热能

利用地下的地下水、热量和蒸汽等，把热能转变为机械能的发电方法。地热能不仅可以用来发电，还可以直接用作家庭、农业用温室的热能等。

绿色低碳发展

混合动力汽车是安装了油电混合发动机的汽车。这种汽车发动机工作时间长，动力性能好，其中电动机无污染、噪声低，使汽车效率提高10%，废气排放量减少30%，所以又被称为"环保汽车"。

45

图书在版编目（CIP）数据

回归的堂吉诃德 / （韩）卢智暎著；千太阳译. --
长春：吉林科学技术出版社，2020.3
（地球生病了）
ISBN 978-7-5578-6726-3

Ⅰ. ①回… Ⅱ. ①卢… ②千… Ⅲ. ①再生能源—儿
童读物 Ⅳ. ①TK01-49

中国版本图书馆CIP数据核字(2019)第295063号

吉林省版权局著作合同登记号：
图字　07-2018-0068

地球生病了·回归的堂吉诃德
DIQIU SHENGBINGLE · HUIGUI DE TANGJIHEDE

著　　　［韩］卢智暎
绘　　　［韩］金贤贞
译　　　千太阳
出 版 人　宛　霞
责任编辑　潘竞翔　赵渤婷
封面设计　长春美印图文设计有限公司
制　　版　长春美印图文设计有限公司
幅面尺寸　262 mm×273 mm
开　　本　12
字　　数　70千字
印　　张　4
印　　数　1-6 000册
版　　次　2020年3月第1版
印　　次　2020年3月第1次印刷

出　　版　吉林科学技术出版社
发　　行　吉林科学技术出版社
地　　址　长春净月高新区福祉大路5788号
邮　　编　130118
发行部电话/传真　0431-81629529　81629530　81629531
　　　　　　　　　81629532　81629533　81629534
储运部电话　0431-86059116
编辑部电话　0431-81629518
印　　刷　吉广控股有限公司

书　　号　ISBN 978-7-5578-6726-3
定　　价　24.80元